生物技术科普绘本

干细胞生物学卷

生殖与发育生物学专家**季维智**院士
写给小朋友的干细胞生物学绘本

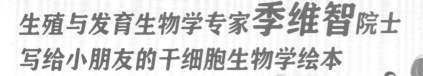

千变万化的干细胞

新叶的神奇之旅Ⅳ

中国生物技术发展中心　**编著**

科学顾问　季维智

科学普及出版社

·北　京·

引言

　　新叶看到一只没有尾巴的壁虎，通过向季爷爷询问，他认识到许多动物特别是低等动物都拥有肢体再生的能力。而高等动物由于细胞分化彻底，逐渐失去了这种再生能力。如果人体肢体、器官损坏严重，患者只能等待移植新的器官。由于临床上器官供给不足，每年只有约1%的患者能够成功接受移植手术。为了满足患者对器官的需求，科学家正在想办法利用干细胞制造人类所需要的器官。本册中，季爷爷将带领新叶了解干细胞是如何帮助人类制造器官的。

人物介绍

壁虎皮肤细胞

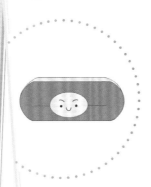

分 布: 壁虎体表

特 性: 组成壁虎皮肤结构, 在伤口出现后, 快速分裂, 覆盖伤口表面。

肝祖细胞

分 布: 肝脏

特 性: 是肝脏细胞的前体细胞, 由干细胞分化而来, 可继续分化成肝脏细胞或胆管上皮细胞。

肝肝

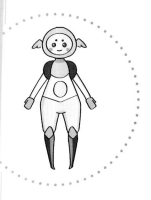

学　名：人肝脏细胞

分　布：人体肝脏

特　性：一种多边形细胞，具有代谢有毒物质及分泌胆汁的作用。

胆管上皮细胞

来　源：由肝祖细胞分化而来

功　能：和肝脏细胞共同组成胆管系统，参与肝脏的代谢、排泄、免疫等。

小内

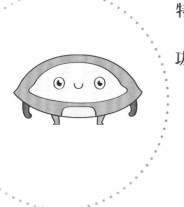

学　名: 血管内皮细胞

分　布: 位于血浆与血管组织之间

特　点: 单层排列的扁平状、菱形或多边形细胞。

功　能: 不仅能完成血浆和组织液的代谢交换，而且能合成和分泌多种生物活性物质，以保证血管正常的收缩和舒张，具有维持血管张力、调节血压以及凝血与抗凝平衡等特殊功能，进而保持血液的正常流动和血管的长期通畅。

成成

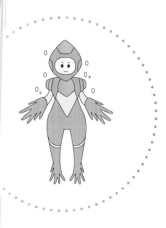

学　名: 成纤维细胞

分　布: 全身各个组织器官内, 如皮肤的真皮层

特　点: 细胞较大, 轮廓清楚, 多为突起的纺锤形或星形的扁平状结构, 其细胞核呈规则的卵圆形, 核仁大而明显。

功　能: 分泌胶原蛋白、弹力纤维、透明质酸等细胞外基质。

小型猪心肌细胞

分　布: 小型猪心脏中

特　性: 形态为短柱状, 一般只有一个细胞核, 细胞核位于细胞中部。

小体

分　布：存在于全身血清及组织液中

特　性：不耐热，活化后具有酶活性，可介导免疫应答和炎症反应。

小型猪成纤维细胞

分　布：位于器官之间、组织之间以至细胞之间；也存在于猪真皮中

特　性：是猪真皮的重要组成细胞之一。

机器人小9

学　名：CRISPR/Cas 9 基因编辑技术

特　性：能够识别特异位点、剪切、插入、粘接等。

小型猪卵母细胞

猪生殖细胞，在体细胞核移植过程中，作为受体，被抽去细胞核后，移入供体细胞核，形成重构胚胎。

基因编辑胚胎

　　利用体细胞核移植技术，将基因编辑细胞的细胞核移入空卵内，通过激活得到的重编程胚胎，基因型与基因编辑细胞相同。

目录

组织再生——动物界的生存法宝

文／寇晓龙

图／赵义文　胡晓露

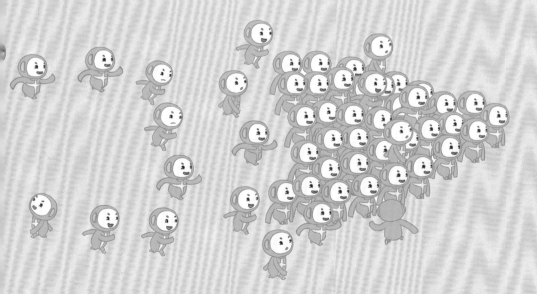

器官的再生

新　叶：咦？这只壁虎怎么没有尾巴了？

季爷爷：壁虎为了躲避危险，常常会丢掉自己的尾巴。但是不用担心，它
　　　　很快就会长出一条新的尾巴。

新　叶：哇，壁虎真厉害！

季爷爷：肢体再生在动物界是很常见的，比如，章鱼、海星、螃蟹都可以再生肢体，斑马鱼以及墨西哥钝口螈可以再生器官。想不想看看壁虎的断尾是怎么长出新尾巴的？

新　叶：当然想了，我们赶快出发吧！

壁虎尾巴中隐藏的秘密

　　新叶来到壁虎断掉的尾巴里，发现尾椎断面中居住着一些间充质干细胞。它们都在睡觉。新叶抓到一个睡眼蒙眬的间充质干细胞，要问问是什么情况。

被唤醒的间充质干细胞

　　发现壁虎主人的尾巴断了以后，间充质干细胞立刻相互叫醒，忙碌了起来，开始大量复制，边复制边忙着往外跑。

新　叶：哇，你们怎么突然变多了？

小　间：长尾巴需要很多细胞，现在人手不够，所以我们要先复制，增加
　　　　人数。

新　叶：那么，你们急匆匆地往外跑是要做什么呢？
小　间：我们要长一条新尾巴出来。

季爷爷和新叶跟随着间充质干细胞的脚步来到了室管膜。

小壁虎尾巴再生的
第一步：形成尾胚。

分化

在间充质干细胞的共同努力下，壁虎终于开始长出新的尾巴。

哇，你们好厉害啊！成年壁虎的细胞也能分化吗？

是的！因为我们还处在干细胞阶段，所以还可以分化。

小　间：人手差不多够了，我们要开始分化了。

新　叶：那人类也有这种再生能力吗？

季爷爷：人类作为哺乳动物，只有个别器官有这种能力。走！我先带你看看肝脏的再生。

　　低等动物由于细胞结构简单，很容易通过干细胞再生。高等动物由于细胞分化得比较彻底，组织结构复杂，除少数器官外，均难以再生。

11

人体肝脏的再生

新叶跟着季爷爷进入肿瘤患者的肝脏，发现这个人的肝脏少了一半。

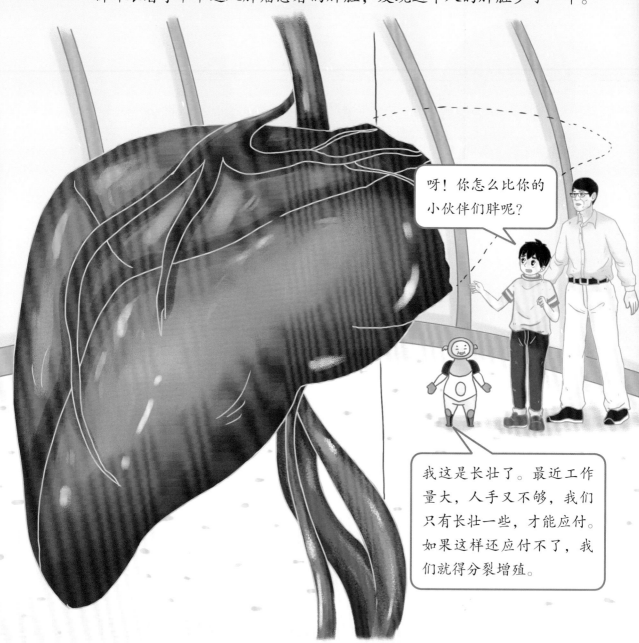

呀！你怎么比你的小伙伴们胖呢？

我这是长壮了。最近工作量大，人手又不够，我们只有长壮一些，才能应付。如果这样还应付不了，我们就得分裂增殖。

季爷爷：这是肿瘤切除手术后的肝脏。不过不用担心，肝脏是人体再生能力最强的器官，即使切除了70%，仍然可以再生恢复。

新　　叶：哇，你们好能干啊！人体中所有的器官都有这种能力吗？

肝　　肝：不是的，人体只有部分器官可以像我们这样再生，如头发、指甲、
　　　　　皮肤等。你看隔壁的心脏就不能再生。如果它受伤了，就没有办
　　　　　法自救了。

季爷爷：新叶，走吧！我带你去看看。

来自心肌细胞的叹息

　　季爷爷带领新叶来到一个老爷爷体内，看到他的心脏无力地跳动着。一些心肌细胞不堪重负，已经不能正常工作了。

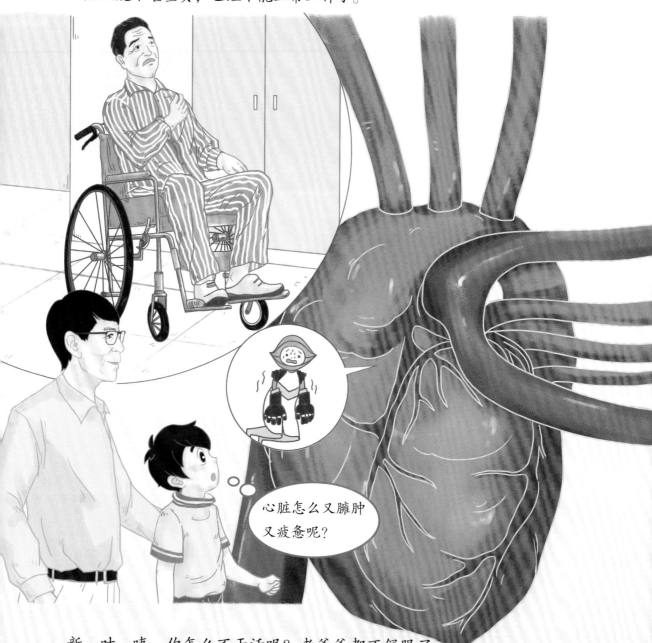

新　叶：咦，你怎么不干活呢？老爷爷都不舒服了。

心　心：我好累啊，跳不动了。我们的主人已经是心力衰竭晚期了。

新　叶：哦，那太糟糕了！我们有什么办法帮助这个老爷爷吗？

季爷爷：有的，走！我带你去实验室看看科学家有什么办法。

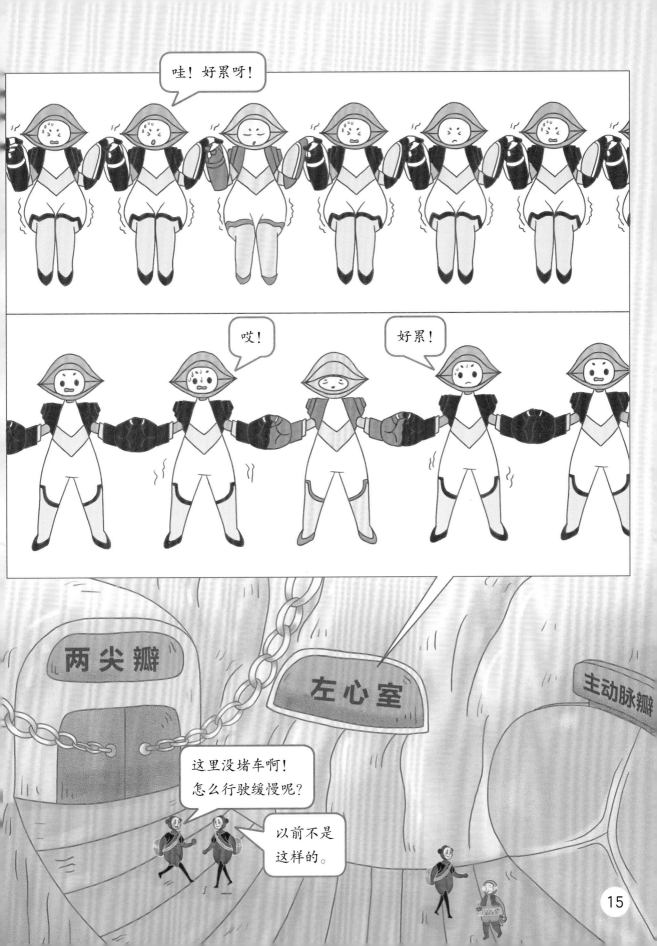

科普小讲堂

　　在人体中，肝脏是再生能力最强的器官。但一些疾病（如肝硬化等）会导致其无法再生，仍然需要移植来治疗。

　　人体大多数器官不具备再生能力。我国每年约有 100 万患者需要肾移植，约有 30 万肝病患者需要肝移植，但由于捐献的器官有限，只有不到 1% 的患者能顺利接受移植。

生物 3D 打印
——万能多面手

文/黄文慧

图/王 婷 胡晓露

细胞急行军

新叶在路上遇到成群结队、急匆匆往前跑的细胞兵。

新　叶：你们这么着急，要去哪儿啊？

心　心：我们收到了一个新任务，要我们细胞小队去 3D 打印工厂打印一个心脏。我是这次任务的排头兵，这是我的兄弟们——血管内皮细胞。

季爷爷：这两组细胞是打印心脏所需要的细胞。心肌细胞作为心脏打印的主要部分，将来长成一个心脏主体；血管内皮细胞长成血管，为心脏输送养分。

生物反应仓库

3D 打印工厂

3D 打印工厂

季爷爷和新叶跟随细胞急行军的脚步来到了 3D 打印工厂。

打印目标

关闭

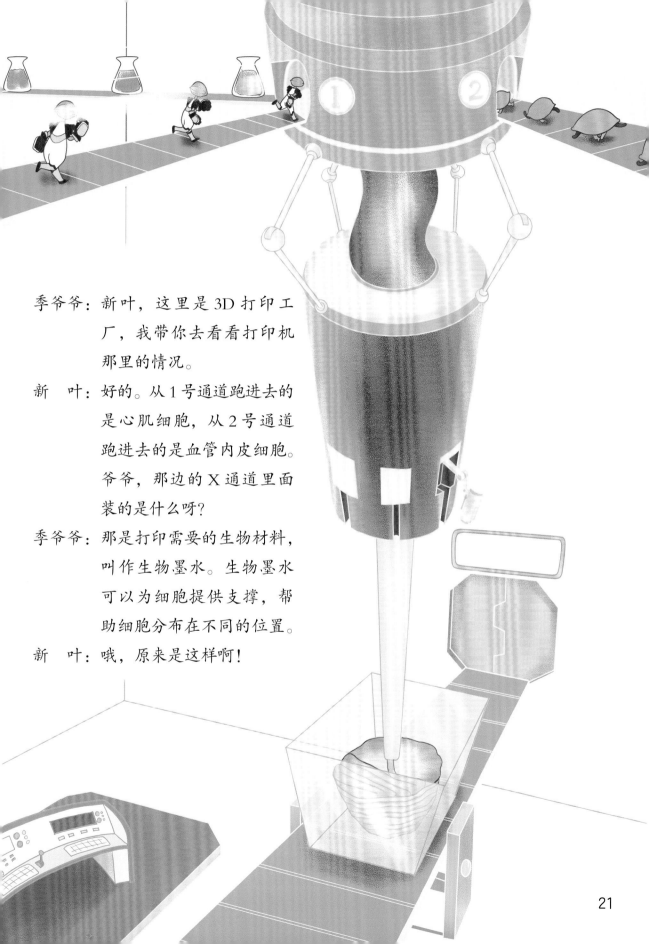

季爷爷：新叶，这里是 3D 打印工厂，我带你去看看打印机那里的情况。

新　叶：好的。从 1 号通道跑进去的是心肌细胞，从 2 号通道跑进去的是血管内皮细胞。爷爷，那边的 X 通道里面装的是什么呀？

季爷爷：那是打印需要的生物材料，叫作生物墨水。生物墨水可以为细胞提供支撑，帮助细胞分布在不同的位置。

新　叶：哦，原来是这样啊！

无法承重的生物墨水

新叶来到打印机喷头下，看到了心肌细胞和血管内皮细胞没有办法连在一起，都掉了下来，就像珍珠项链断了一样！

打印目标 关闭

警告！
生物墨水浓度过低！

看！屏幕上显示生物墨水浓度过低，虽然可以被挤出，但没有办法保持形状，心肌细胞和血管内皮细胞们都掉下来了！

诶？啥情况？

啊——

新　叶：心心，你们怎么掉下来了？

心　心：生物墨水浓度不够，支撑不住我们。

季爷爷：打印需要使用浓度合适的生物墨水作为支撑。它们之所以掉下来，
　　　　是因为生物墨水的浓度太低，难以支撑住细胞们。

在生物 3D 打印的过程中，生物墨水为细胞提供保护，支撑细胞在 3D 状态下的生长。此外，生物墨水经打印机还可以被挤出不同的形状。常用的生物墨水有明胶、胶原、海藻酸钠、聚己内酯、聚乙醇酸等。

举起心肌细胞的生物墨水

季爷爷带领新叶来到打印机喷头下方，开始调整生物墨水的浓度。

打印设定　　　　　　关闭

墨水浓度　　5%

新　叶：爷爷，我们换一个浓度高的生物墨水重新试一下吧！

季爷爷：好的，我们现在把生物墨水的浓度提高到5%，再试一下。

新　叶：爷爷，你看！这些生物墨水被挤成一条丝从喷头里出来了，能支撑住细胞了。

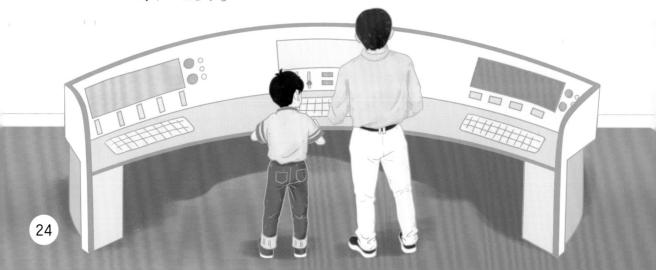

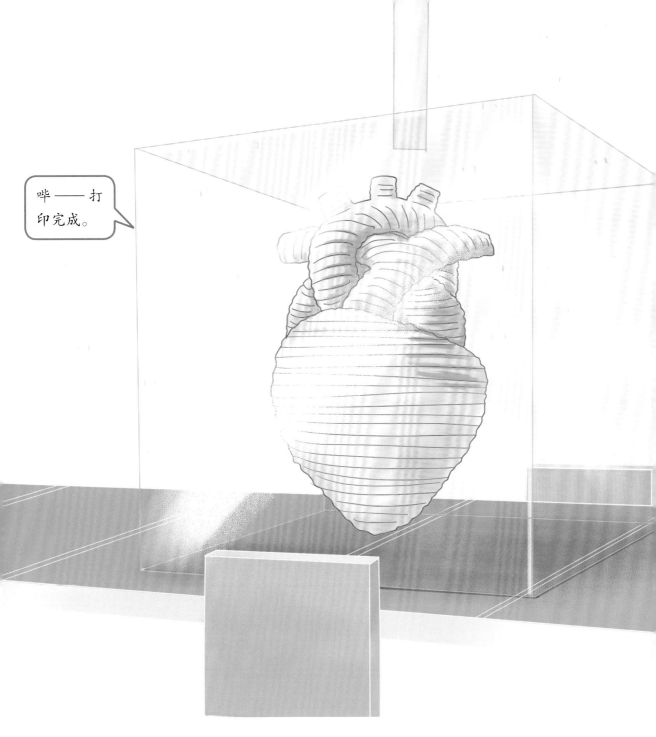

季爷爷：你看，不仅如此，挤出的生物墨水还可以保持预定的打印形状。
　　　　3D 打印的优势就是可以自定义形状。

新　叶：那这个心脏可以移植到人体里吗？

季爷爷：很遗憾，现在还不能。我们仅仅能在体外让心脏实现一些基础的
　　　　功能，想要完全替代人体器官还需要科学家的不断努力。

　　生物 3D 打印是通过挤出含有细胞的生物墨水，来实现功能化器官或组织构建的一门先进技术。然而，目前利用生物 3D 打印技术只能实现小尺寸或功能相对简单的某些器官或组织的构建。要实现受损器官的完全替代或复杂性器官的功能化构建，还需要科学家进一步努力。

猪心历险记

文/赵云轩 徐 静

图/赵义文 朱航月

季爷爷和新叶来到了实验猪研究中心，在这里他们见到了作为实验动物的巴马小型猪。

巴马小型猪

实验猪研究中心

季爷爷：这里就是实验猪动物研究中心，在这里，科学家们饲养了一种非常重要的实验动物——实验猪。看！这种体形较小、头尾有黑色斑块的猪就是科学家们常用的巴马小型猪。

新　叶：爷爷，为什么要选择猪作为实验动物呢？

季爷爷：因为猪是与人类亲缘关系较近的哺乳动物，具有与人类相似的解剖、生理和生化特性。同时，小型猪的器官大小也和人类的高度相似。

实验楼

新　叶：既然这么相似，我们可以直接把小型猪的器官移植给人类吗？

季爷爷：当然不行，这里面会存在很多问题。走！我带你到人体王国里看看。

僵硬的心脏

季爷爷带领新叶来到人体王国，看到心脏异常肥大，心肌细胞附近的成纤维细胞异常激活，分泌了大量胶原，导致心脏的跳动变得快慢不一。

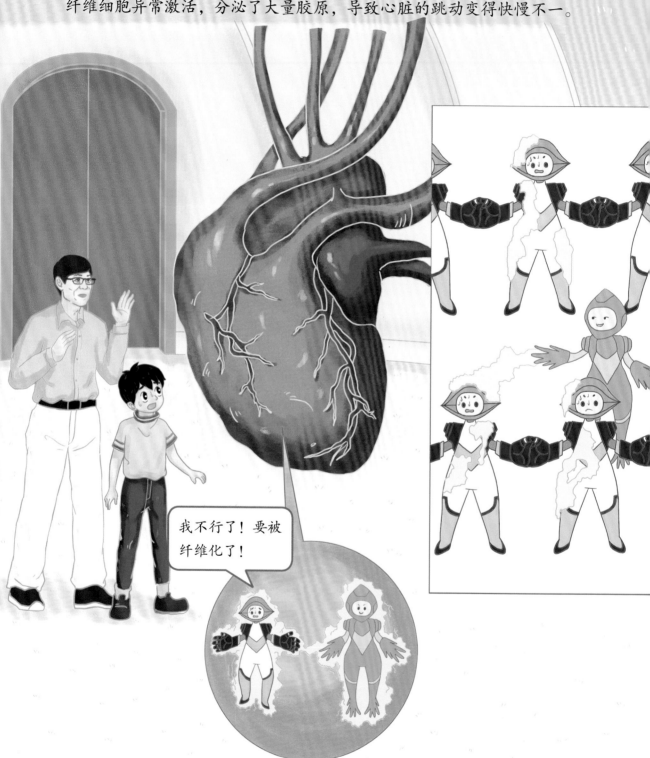

新　叶：季爷爷，为什么感觉心脏跳动得没有规律，而且心脏越来越僵硬?

季爷爷：是的！因为心脏生病了，产生了胶原。胶原像给心脏增加了一层层糨糊，导致心脏难以呼吸。

新　叶：这样下去，心脏将无法给人体供血。修补已经无济于事了，是不是可以给人体王国换一个来自小型猪的心脏呢?

季爷爷：新叶，你太聪明了！我们的移植计划就是这样的，但是由于小型猪的心脏上有很多"机关密码"和人的不同，很容易受到免疫细胞战士的攻击。

被攻击的小型猪心脏

　　季爷爷带领新叶来到一个移植了小型猪心脏的患者体内，发现这颗心脏刚被移植进来几分钟，免疫细胞战士便对它发起了猛烈的进攻，整个心脏陷入瘫痪。

新　叶：季爷爷，我看到巨噬细胞、B细胞、补体都朝着小型猪心脏去了。

季爷爷：是的，新叶！在一颗外援的心脏置换到人体内后，其免疫系统为了防止被攻击，首先会排除异己。你看到的那些朝着小型猪心脏跑去的免疫细胞战士都是保卫人体王国的一道道防线。

新　叶：那小型猪心脏岂不是要面临严峻的考验？

季爷爷：是的，新叶！因此，要想让一颗小型猪心脏发挥作用，我们首先要让它逃过人体内的一道道免疫防线。

在教室里，季爷爷向新叶和小朋友们展示是什么导致小型猪心肌细胞膜上的表面抗原无法躲过人体免疫系统的识别。

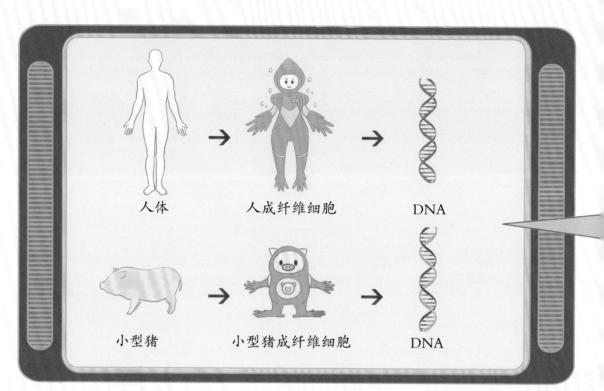

人体　　　　　人成纤维细胞　　　　DNA

小型猪　　　　小型猪成纤维细胞　　　DNA

新　　叶：爷爷，为什么小型猪心肌细胞膜上的表面抗原和人类的不同呢？

季爷爷：因为表面抗原是由 DNA 指导合成的，而人和小型猪的 DNA 有一些差异，这些差异导致他们表面抗原的不同。

新　　叶：那该怎么办呢？

季爷爷：只需要改变小型猪的 DNA，使它合成的表面抗原和人类的一样就可以了。这就需要一种剪刀技术——基因编辑技术来帮忙了。

科普小讲堂

　　要想让一颗小型猪的心脏替代人的心脏，需要我们深入到小型猪的基因里，修改可能会引起人类排异反应的基因，然后将修改了基因的细胞克隆成小型猪，才可以用于移植。这是一个既充满科学挑战，又极其有价值的过程。

猪心变形记

文/赵云轩　徐　静
图/赵　洋　纪小红

小机器人的大用处

　　新叶和季爷爷来到了一片红色的海洋，看到这里漂浮着很多小型猪成纤维细胞，还看到一些长着4支手臂的机器人和用于替换小型猪基因的人工合成DNA小片段在液体里漂荡着。

新　　叶：细胞边上的这些小机器人是什么啊？

机器人小9：你好，我是CRISPR/Cas9型基因编辑机器人，可以对DNA进行修饰。

季爷爷：它们是基因编辑机器人，就是用来替换基因的工具。走！我带你去看一看它们是怎么工作的。

新叶📖词典

CRISPR/Cas9

CRISPR/Cas9 是细菌和古细菌在长期演化过程中形成的一种适应性免疫防御，可用来对抗入侵的病毒及外源 DNA。

CRISPR/Cas9 基因编辑技术则是对靶向基因进行特定修饰的技术。该技术的开创者法国科学家玛纽埃尔·沙尔庞捷和美国科学家珍妮弗·杜德纳凭借此项技术获得了 2020 年诺贝尔化学奖。

小细胞的大手术

　　为了参观整个修饰过程，见证一枚小细胞的变身过程，季爷爷和新叶跟随机器人小9进入小型猪成纤维细胞体内。

找到差异部分了！

季爷爷：你看，机器人小9已经找到了那些差异片段，正在对其进行修饰。

机器人小9：首先，我的剪刀可以切除一段DNA链；然后，利用我的万能刷子和机械手将需要替换的DNA片段粘到DNA链上。

新　叶：哇，你们真的太厉害啦！

季爷爷：好了！通过机器人小9的努力工作，这枚细胞的DNA已经被修饰一新了。你能发现它的不同之处吗？

新　叶：我看看！它的徽章变了，变成人类的徽章了！

41

细胞核搬家

　　科学家利用体细胞核移植技术，将这颗拥有部分人类基因组的细胞核移入一枚空卵中。这样我们就能得到一枚带着人类基因的小型猪胚胎了。

新　叶：爷爷，科学家在做什么啊？

季爷爷：科学家正在用刚刚那枚基因编辑的细胞做体细胞核移植，说的简单点，就是给细胞核"搬家"！

新　叶：那要怎么"搬"呢？

季爷爷：首先，科学家要去掉一枚小型猪卵母细胞的细胞核；然后，将这枚基因编辑细胞注入到这枚空卵中；最后，利用电击将基因编辑细胞融入空卵内。这样就得到了一枚基因编辑胚胎了。走！我带你去看看这些基因编辑胚胎是怎么变成小型猪的。

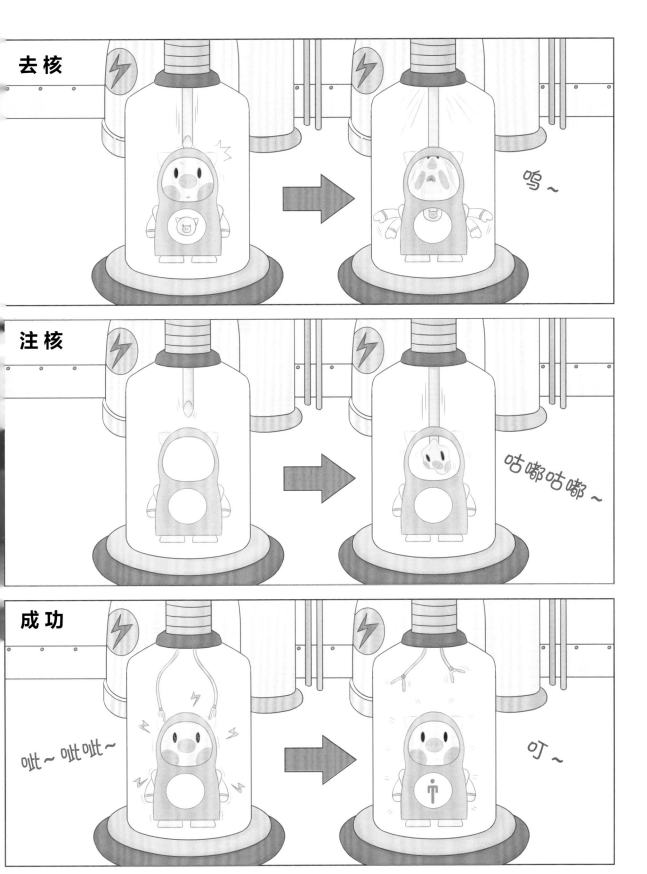

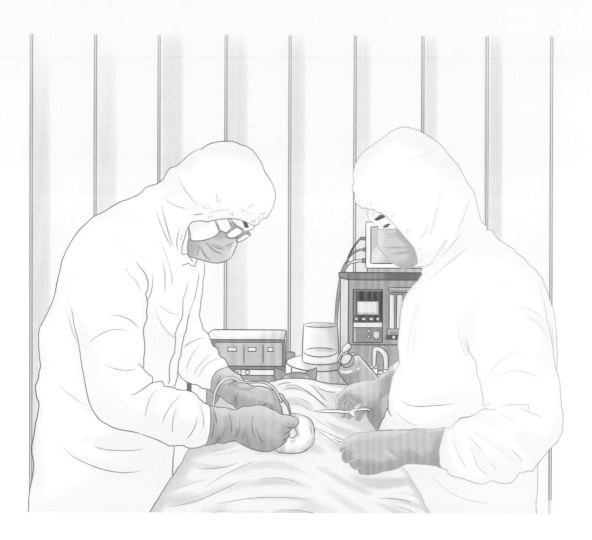

季爷爷：科学家把这枚基因编辑胚胎移植到一头代孕母猪体内，让这头母
　　　　猪来孕育经过基因编辑的小型猪。

新　叶：那要多久才能见到这头基因编辑小型猪呢？

季爷爷：时间不算长，只需要114天，这头基因编辑小型猪就出生啦。

新　叶：好耶！

季爷爷：这头基因编辑小型猪长大后，就可以为那些急需"换心"的心脏
　　　　病患者提供心脏了。走！我带你去看看。

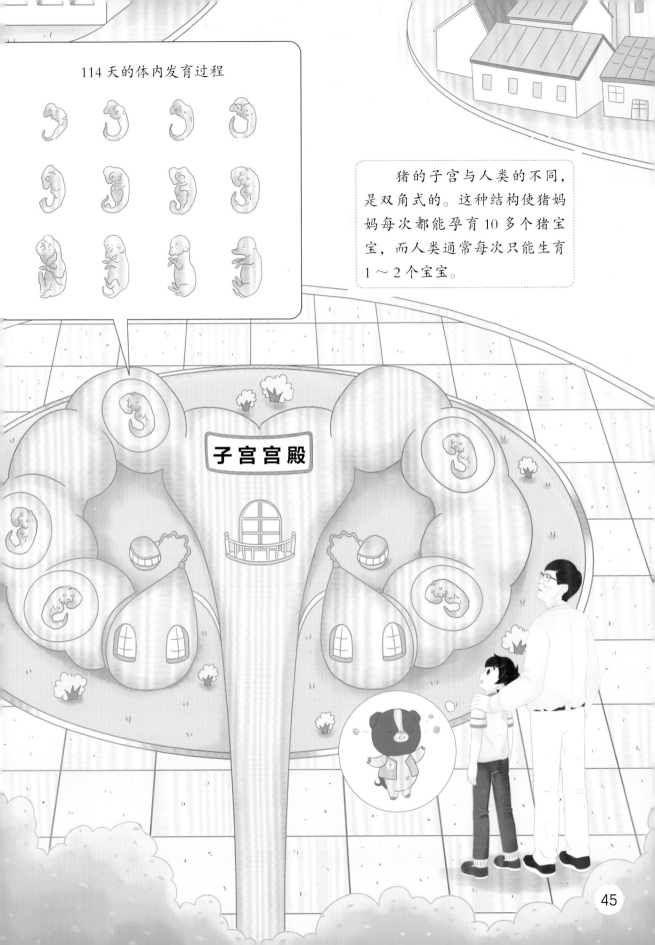

114 天的体内发育过程

子宫宫殿

猪的子宫与人类的不同，是双角式的。这种结构使猪妈妈每次都能孕育 10 多个猪宝宝，而人类通常每次只能生育 1～2 个宝宝。

瞒天过海

这颗经过基因编辑的小型猪心脏被成功移植到患者体内。它能否躲过人体免疫系统的识别与攻击，进而彻底融入人体王国呢？

放心吧！这是自己人。

新　叶：季爷爷，这次免疫细胞战士没有在小型猪心脏前面停留啊！

季爷爷：新叶，太好了！我们成功让一颗小型猪心脏经过基因编辑后，完美地融入人体王国！

科普小讲堂

  2022 年 1 月 10 日，美国马里兰大学医学院宣布，他们成功将一颗经过基因编辑的小型猪心脏移植到一位叫作大卫·贝内特的 57 岁男性患者体内。这是全球首例转基因猪心脏异种移植手术。遗憾的是，贝内特最终在手术 2 个月后去世。这是因为潜伏在猪心脏里的猪巨细胞病毒，引发了患者体内的"风暴"免疫反应，最终导致不可逆转的舒张性心力衰竭。因此，未来的器官移植需要更严格的程序来筛查病毒。